BOURSES DE COMMERCE
DE
STRASBOURG, METZ ET DIJON

CONTRAT-TYPE

POUR LE COMMERCE
DES GRAINS, PRODUITS AGRICOLES
ET DÉRIVÉS

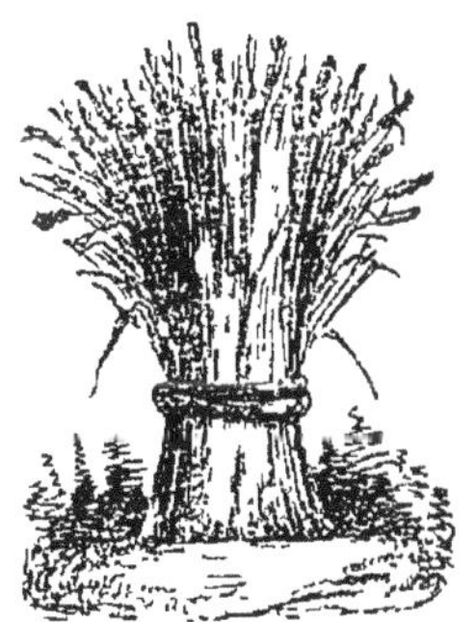

STRASBOURG
ASSOCIATION DE LA BOURSE DE COMMERCE

1926

BOURSES DE COMMERCE
DE
STRASBOURG, METZ ET DIJON

CONTRAT-TYPE

POUR LE COMMERCE
DES GRAINS, PRODUITS AGRICOLES
ET DÉRIVÉS

STRASBOURG
ASSOCIATION DE LA BOURSE DE COMMERCE

1926

SOMMAIRE

ANNEXE

CONTRAT-TYPE

des

Bourses de Commerce de Strasbourg, Metz et Dijon

pour

le commerce des grains, produits agricoles et dérivés

Article 1er. — Domaine d'application.

Les usages et conditions ci-après sont applicables, sauf convention contraire, à toutes les affaires en céréales, produits agricoles et dérivés faites en tous lieux entre membres :

a) de l'Association de la Bourse de Commerce de Strasbourg ;

b) du Syndicat des grains et farines de la Moselle (Bourse de Metz) ;

c) du Syndicat général des grains, graines, farines et fourrages de Bourgogne et Franche-Comté (Bourse de Dijon) ;

ainsi qu'aux contrats annexes de transport, d'assurance et de magasinage.

Ils régissent également :

1o les affaires faites ou simplement entamées aux

Bourses de Strasbourg, Metz et Dijon entre toutes personnes qualifiées pour y entrer ;

2° celles faites entre tous commerçants ayant convenu de traiter sur la base du présent contrat-type, par clause spéciale insérée dans leur contrat.

I. CONCLUSION ET CLAUSES DU CONTRAT

Art. 2. — Conclusion du contrat.

Toutes les affaires ci-dessus visées peuvent indifféremment être conclues par écrit ou verbalement, directement ou par intermédiaire.

Les offres portant la mention « cotation », « sans engagement », ne lient pas celui qui les fait.

Les offres portant la mention « *sauf vente* » l'engagent, à moins qu'il ne puisse justifier que la marchandise a été vendue entre-temps.

Les offres qui ne comportent aucun délai d'acceptation doivent être acceptées télégraphiquement, si elles sont faites par télégramme, et par lettre écrite le jour même de leur réception, si elles sont faites par correspondance ordinaire. Les offres faites par lettre distribuée après la fermeture des bureaux peuvent encore être acceptées valablement le lendemain avant midi.

Art. 3. — Confirmation.

Une affaire peut être confirmée par les deux parties contractantes ou par une seule d'entre elles. Dans tous les cas, il est entendu que le texte écrit contient la totalité des conditions convenues et qu'il n'existe aucune clause verbale accessoire.

Les stipulations verbales faites après la conclusion du marché doivent, pour être valables, être confirmées par écrit par l'un au moins des contractants. Ces confirmations complémentaires sont considérées comme tacitement acceptées, à moins de contestation immédiate.

La confirmation d'un courtier est considérée comme acceptée, si le vendeur ou l'acheteur ne répondent pas dès sa réception.

Quand deux confirmations contenant des clauses différentes se croisent, celle du vendeur prévaut, à moins de protestation immédiate de l'acheteur.

Art. 4. — Cession et suite de contrat.

a) **Cession de contrat.** — La cession de contrat est une convention par laquelle un créancier (acheteur ou vendeur), *le cédant*, aliène ses droits contre un débiteur, *le cédé*, à un tiers qui devient créancier à sa place, *le cessionnaire*.

La cession a lieu par la remise au cessionnaire du contrat original. Elle doit, pour être valable, être faite avec le consentement du cédé.

La différence entre le prix d'achat ou de vente et le prix de cession fera seule l'objet d'une facture et sera exigible au moment même de la cession.

b) **Suite de contrat.** — Quand la marchandise fait l'objet de plusieurs ventes et reventes successives, la clause « suite de contrat » a pour but de préciser l'origine de la marchandise vendue. Elle implique en outre que le vendeur intermédiaire entend être dégagé de toute responsabilité, si le vendeur initial ne s'exécute pas. Le contrat original doit être communiqué à chacun des acheteurs successifs, sans que le consentement du vendeur initial soit nécessaire et chaque vendeur peut facturer à son acheteur la totalité de la valeur de la marchandise.

En cas de non-livraison, le réceptionnaire de la marchandise devra procéder contre son propre vendeur, et ainsi de suite jusqu'au vendeur initial. La responsabilité du vendeur intermédiaire ne sera toutefois engagée que dans la mesure où le vendeur initial s'exécutera.

Art. 5. — Échantillons.

Les ventes sur échantillon peuvent être de trois sortes :

1° *Vente sur échantillon proprement dite.* — Dans ce cas, la marchandise livrée doit être exactement conforme à l'échantillon de vente, en tenant compte toutefois du volume de cet échantillon et de sa manipulation.

2° *Vente sur échantillon-type* (vente sur type). — Dans ce cas, il est d'usage de tolérer une légère différence de couleur, de mouture et de teneur en corps étrangers.

3° *Vente sur échantillon indicatif*. — Dans ce cas, la marchandise livrée doit seulement représenter la moyenne approximative de l'échantillon de vente. Si l'échantillon est simplement montré à l'acheteur sans lui être remis, il prend le nom d'échantillon-montre.

Les livraisons d'orges de brasserie doivent toujours être conformes aux échantillons de vente.

L'acheteur est tenu d'apporter l'attention habituelle à l'examen des échantillons. Le vendeur doit toutefois lui signaler les vices qui n'apparaissent qu'à un examen particulièrement attentif, et notamment le flair.

Art. 6. — Qualité moyenne.

Quand la vente n'est pas faite sur échantillon ou n'a pas pour objet un produit fabriqué déterminé, la qualité de la marchandise livrée doit représenter la bonne moyenne de l'espèce, de l'époque et du rayon. L'expression *saine, loyale et marchande* s'entend d'une marchandise sèche, suivant l'époque et le rayon d'expédition.

Art. 7. — Origine déterminée.

Quand la vente a pour objet une marchandise d'une origine déterminée, la marchandise livrée par le vendeur doit être de l'origine convenue et représenter la bonne moyenne de la dernière récolte. L'acheteur n'est pas tenu d'accepter de la marchandise d'une autre origine, en tout ou en partie.

Une marchandise vendue départ gare région de production doit, sauf convention contraire, être originaire de la région où la gare est située.

Art. 8. — Poids naturel.

Le poids naturel du blé ou de l'avoine livrés doit être celui stipulé au contrat, déduction faite d'une tolérance de 0 kg 500 pour freinte de route.

Si la différence en moins est supérieure à ce chiffre, la bonification à accorder par le vendeur doit être calculée en prenant comme base le poids contractuel. Le montant de cette bonification est fixé chaque année dans la première quinzaine d'octobre, d'un commun accord entre les groupements professionnels ayant adhéré au présent contrat-type.

Si le poids spécifique du blé ou de l'avoine livrés est inférieur de plus de 3 kg au poids stipulé au contrat, l'acheteur a la faculté de refuser la marchandise.

Art. 9. — Vente d'une marque.

Quand une minoterie ou une usine a vendu un produit ou une marque déterminés, la marchandise livrée doit représenter le rapport entre la moyenne de sa fabrication habituelle et celle de la production d'industries concurrentes.

Art. 10. — Marchandises sur wagon, en gare, faisant route ou flottante.

Toute marchandise vendue « sur wagon », « en gare », « faisant route » ou « flottante », doit, à la conclusion de l'affaire, être déjà chargée effectivement ou mise à quai au point de livraison indiqué ou en être partie par chemin de fer ou péniche.

Art. 11. — Sacs.

a) **Sacs fournis par le vendeur.** — Si le vendeur prête ses sacs, l'acheteur doit les réexpédier franco et en bon état dans les quinze jours de l'arrivée de la marchandise. A l'expiration de ce délai, le vendeur pourra en réclamer la location au taux usuel et, au bout de trois mois, en exiger le paiement, sans préjudice des droits de location déjà courus.

Le détenteur des sacs prêtés est responsable de leur détérioration, même si aucune faute ne lui est imputable, par exemple en cas d'incendie.

b) **Sacs fournis par l'acheteur.** — Dans les marchés à livrer sur mensualités, les sacs de l'acheteur doivent être rendus franco à la gare indiquée par le vendeur le premier jour du mois où la livraison doit être faite. Sinon, le vendeur aura le droit de prendre des sacs de location au nom et pour le compte de l'acheteur.

Dans tous les autres contrats, les sacs doivent être rendus franco à la gare indiquée par le vendeur dans le délai minimum exigé par le mode de transport convenu (grande ou petite vitesse). Passé ce délai, le vendeur a le droit d'expédier en sacs de location, après avoir mis préalablement l'acheteur en demeure de lui faire parvenir les sacs dans les 48 heures.

La non-réception à temps des sacs de l'acheteur ou des bons de location ne constituera en aucun cas un motif de résiliation du contrat.

Si le contrat est muet sur le mode de transport des sacs, ceux-ci doivent être expédiés en grande vitesse, à moins que le transport par petite vitesse permette aux sacs d'arriver en temps voulu à la gare de chargement.

c) **Sacs de location.** — En cas de vente « *sacs de location compte acheteur* », celui-ci doit adresser au vendeur un bon l'autorisant à prendre des sacs pour son compte ; le vendeur est tenu, sauf stipulation contraire, de s'adresser au dépôt du loueur le plus proche. La date de prise en charge ne pourra être antérieure de plus de dix jours à la date d'expédition. Les frais de transport et de camionnage des sacs à la gare d'expédition seront à la charge de l'acheteur.

En cas de vente « *sacs de location à transférer* », l'acheteur doit adresser au vendeur un bon de transfert des sacs loués antérieurement par le vendeur. Le transfert sera fait valeur du jour de la livraison, sans que l'acheteur ait à rembourser des frais de transport.

Dans les deux cas, les bons devront parvenir au vendeur dans les délais prévus pour la réception des instructions d'expédition, faute de quoi il pourra louer ou faire transférer d'office les sacs nécessaires au compte de l'acheteur qui sera débité des frais de location, soit du jour de la prise en charge, soit du jour de la livraison.

Art. 12. — Commission et courtage.

Le commissionnaire est la personne qui fait en son nom une opération commerciale pour le compte d'un tiers.

Le courtier est la personne qui, moyennant rétribution, sert d'intermédiaire pour la conclusion d'une affaire.

Sauf convention spéciale, le courtier a droit au courtage habituel dès que l'affaire a été acceptée par les deux parties.

En cas d'annulation d'un contrat pour cause de force majeure, la commission n'est due que pour les quantités effectivement livrées.

Toute confirmation envoyée par un courtier sur la base d'une offre ferme engage le donneur d'ordre qui ne peut lui apporter après coup une modification quelconque, à moins qu'il n'ait une raison valable pour refuser la contre-partie proposée.

Art. 13. — Frais accessoires.

Les frais réclamés par un transitaire pour formalités d'expédition, camionnage des sacs à l'arrivée et comptage des sacs sont à la charge de l'acheteur.

Toute modification des droits de douane ou des impôts

frappant directement la marchandise est au profit ou à la charge de l'acheteur.

Le magasinage, l'assurance contre l'incendie, ainsi que les autres frais éventuels sont également à sa charge, après expiration du délai d'enlèvement prévu au contrat.

Le droit de timbre sur les lettres de voiture est à la charge de celui qui a supporté les frais de transport.

Art. 14. — Vente à l'exportation.

Toute marchandise indigène vendue à l'exportation « *franco frontière française gare X...* », sans stipulation spéciale, doit être livrée par le vendeur à cette gare, nette de tous frais de douane française.

Si la gare frontière est une gare internationale, on peut stipuler que la marchandise est livrable « *en douane* » du pays destinataire, par exemple « franco frontière Kehl en douane allemande ».

Le terme « *transit* », accolé au nom d'une gare dans un contrat de vente d'une marchandise française à l'exportation (par exemple « franco Kehl-transit ») signifie exclusivement que la marchandise vendue doit être expédiée, sous le bénéfice des tarifs d'exportation, jusqu'au point servant de transit entre le réseau français et le réseau étranger.

Art. 15. — Paiement.

Le paiement, quel qu'en soit le mode, doit être fait au comptant et au plus tard dix jours après la date d'expédition de la marchandise qui sera celle du récépissé du chemin de fer.

Il doit être fait directement au créancier ou à son représentant dûment accrédité, à l'exclusion de toute autre personne.

Si l'acheteur n'envoie pas au vendeur, dans les délais contractuels, les chèques payables sur place ou l'acceptation convenus, le vendeur a le droit de lui faire présenter immédiatement quittance de la somme due, déduction faite, pour les traites acceptées, des intérêts calculés au taux d'escompte de la Banque de France sur le délai restant à courir.

Dans les contrats contenant la clause « *paiement contre récépissé* », l'acheteur est tenu de payer à présentation, tous ses droits restant réservés. Sinon le vendeur doit lui adresser une mise en demeure télégraphique lui donnant un délai supplémentaire de 24 heures, à l'expiration duquel il a le droit de résilier le contrat ou la mensualité, avec ou sans dommages-intérêts.

Art. 16. — Parité.

La clause « *départ gare X ou parité* » donne au vendeur le droit d'expédier la marchandise, soit de la gare X, soit de toute autre gare à son choix, le prix de transport à la charge de l'acheteur ne pouvant être supérieur ou inférieur à celui applicable à la distance de la gare X à la gare destinataire.

La clause « *franco gare Z ou parité* » donne à l'acheteur le droit de demander l'expédition de la marchandisc, soit à la gare Z, soit à toute autre gare à son choix, le prix de transport à la charge du vendeur ne pouvant être supérieur ou inférieur à celui applicable à la distance de la gare d'expédition à la gare Z.

Dans les deux cas, quand le contrat indique en outre la provenance de la marchandise, la gare d'expédition doit être située dans la région stipulée.

Art. 17. — Frais et risques de transport.

L'expression « *franco de port* » signifie que le vendeur doit payer les frais de transport, sans toutefois en prendre les risques à sa charge.

Si l'acheteur paie le prix de transport à l'arrivée, il peut le déduire du montant de la facture ; son avance n'est toutefois pas productive d'intérêts.

L'expression « *rendu* » signifie que le vendeur prend à sa charge les frais et les risques du transport.

En cas de déficit sur le poids ou de manquant dans le nombre des sacs, l'acheteur doit prouver, par la production du bulletin de pesage ou de comptage de la gare destinataire ou par le constat d'une personne qualifiée, que la quantité indiquée sur le titre de transport ne correspond pas à celle effectivement livrée ; il doit en outre, s'il s'agit d'une vente franco, faire la réclamation auprès du transporteur, sauf à se retourner contre son vendeur, si elle n'aboutit pas.

Toute modification des tarifs de transport est au profit ou à la charge de l'acheteur.

Art. 18. — Livraison.

a) **Acheteur.** — Les instructions d'expédition de l'acheteur doivent être en possession du vendeur dans les délais suivants, à calculer en jours ouvrables, après conclusion du contrat :

1° en cas de livraison « *immédiate* », dans les 24 heures ;

2° en cas de livraison « *disponible* » dans les cinq jours ;

3° en cas de livraison « *prompte* », dans les huit jours.

En cas de livraison « *à époque déterminée* », elles doivent être envoyées au vendeur dès qu'il les demande, entre les dates extrêmes prévues au contrat.

En cas de livraison à époque déterminée « *à sa demande* », l'acheteur a le droit de donner instructions d'expédition n'importe quel jour, du commencement à la fin du délai convenu.

Les instructions d'expédition doivent contenir toutes les précisions nécessaires à leur exécution ; elles doivent mettre le vendeur à même de charger, d'expédier ou de livrer la marchandise.

b) **Vendeur.** — Le vendeur doit livrer dans les délais suivants, à calculer en jours ouvrables, après réception des instructions de l'acheteur :

1° en cas de livraison « *immédiate* », dans les quatre jours ;

2° en cas de livraison « *disponible* », dans les six jours ;

3° en cas de livraison « *prompte* », dans les huit jours.

En cas de livraison « *à époque déterminée* », le vendeur a le droit de livrer la totalité du contrat n'importe quel jour, du commencement à la fin du délai convenu. Il pourra mettre l'acheteur en demeure de lui passer instructions d'expédition dès que celui-ci aura eu le temps matériel de lui faire parvenir, par lettre, la destination demandée.

Toutefois, s'il a été convenu « *livraisons à échelonner sur un seul mois* », elles devront être faites en plusieurs fois pendant cette période, par quantités et à des dates à déterminer au gré du vendeur.

S'il a été convenu « *livraisons sur plusieurs mois* », elles devront être faites et les instructions d'expédition données mensuellement par quantités à peu près égales.

Si aucun délai n'est prévu pour la livraison, les contractants sont censés avoir stipulé livraison « disponible ».

Le départ et l'arrivée de la marchandise s'entendent toujours *gare grand réseau*. Le vendeur qui charge sur un réseau d'intérêt local, sans y être autorisé par une clause spéciale du contrat, doit donc prendre à sa charge les frais de transport jusqu'à la gare grand réseau la plus proche et les frais de transbordement à cette gare. Réciproquement, en cas de vente franco, les frais afférents au transport sur réseau d'intérêt local restent à la charge de l'acheteur, s'il n'a pas prévenu le vendeur, à la conclusion du contrat, que la gare destinataire n'était pas sur grand réseau.

Outre son obligation de charger, le vendeur est tenu d'accomplir les formalités nécessaires à l'expédition de la marchandise et, en l'absence d'instructions spéciales, de revendiquer le tarif le plus réduit.

Art. 19. — Contrat à terme fixe.

Un contrat à terme fixe est un contrat qui est résolu de plein droit par la seule échéance du terme.

L'indication du terme doit être accompagnée de précisions ne laissant aucun doute sur l'intention des parties. Il faut stipuler, par exemple, livrable jusqu'au 15 « *au plus tard* » ou bien livrable jusqu'au 15 « *dernier délai* ».

La partie lésée devra, sous peine de déchéance de ses droits, indiquer dans un délai de cinq jours après l'échéance du terme, si elle entend demander des dommages-intérêts.

Art. 20. — Livraisons à époque déterminée.

Les livraisons à époque déterminée doivent être faites dans des délais dont le contrat fixe d'avance, au point de vue chronologique, le commencement et la fin, sans modification possible.

Ces délais peuvent varier d'une semaine à six mois. Ci-après la signification exacte de ceux dont la durée pourrait donner lieu à contestation.

On entend :

par « semaine » un délai de sept jours ;

par « début du mois » les dix premiers jours du mois ;

par « milieu du mois » l'époque s'écoulant du 10 au 20 inclus ;

par « fin du mois » les dix derniers jours du mois ;

par « première quinzaine » l'époque du 1er au 15 inclus ;

par « deuxième quinzaine » l'époque du 16 au dernier jour du mois inclus.

A l'exception du commerce des semences et des engrais, le printemps s'entend des mois de mars, avril et mai, et l'automne des mois de septembre, octobre et novembre.

Art. 21. — Latitude en quantité.

L'addition du mot « *environ* » ou d'un terme analogue à l'indication de la quantité dans les contrats de marchandises en sacs, autorise le vendeur à livrer une quantité supérieure ou inférieure de 5 % à celle stipulée.

Sur ce pourcentage, 2 % doivent être décomptés au prix du contrat et le reste au cours du jour. Si cette limite de 5 % est dépassée, le vendeur doit prendre à sa charge la différence de transport résultant de la quantité chargée en moins.

La date du bulletin de chargement servira de base à la fixation du cours du jour.

Dans les contrats de marchandise en vrac, le vendeur

peut livrer 5 % en plus ou en moins, à décompter au prix du contrat.

Si la quantité varie entre deux chiffres-limite, par exemple 150/200 quintaux, l'acheteur doit se contenter de la quantité la plus faible ou accepter également la quantité la plus élevée.

En cas de non-livraison, la quantité moyenne sert de base pour le décompte.

Art. 22. — Date et lieu d'exécution.

La *date d'exécution* du contrat est pour le vendeur celle de la remise de la marchandise au transporteur. Les indications figurant sur les titres de transport feront foi à cet égard, jusqu'à preuve du contraire.

Le *lieu d'exécution pour la livraison* est le lieu de chargement de la marchandise sur wagon, camion, voiture ou bateau.

Le *lieu d'exécution pour le paiement* est le lieu où le vendeur a son établissement commercial.

II. EXÉCUTION DÉFECTUEUSE ET INEXÉCUTION DES CONTRATS

Art. 23. — Réclamations.

Les réclamations relatives à la nature, la qualité, le conditionnement, la quantité ou le poids de la marchandise peuvent consister en une simple demande de bonification ou comporter un refus total.

Elles doivent être faites télégraphiquement, au plus

tard le premier jour ouvrable après la mise de la marchandise à disposition du destinataire et *en la laissant sur wagon.* En cas de ventes successives, les acheteurs intermédiaires doivent retransmettre immédiatement par télégramme les réclamations qui leur parviennent.

A défaut d'instructions du vendeur dans les 48 heures après la réclamation et afin d'éviter des frais de stationnement ou d'autres dommages, l'acheteur fera prélever des échantillons ou procéder à une expertise sur la marchandise contestée, en se conformant aux prescriptions contenues dans l'annexe.

Il déposera ensuite les dites marchandises, pendant la durée du litige, dans un magasin public ou dans un lieu de dépôt approprié, pour compte de qui de droit. Si la mise en dépôt de la marchandise est impossible à destination, elle sera effectuée dans la localité la plus proche possédant les magasins nécessaires.

L'acheteur devra, sous sa responsabilité, veiller à la conservation de la marchandise, la faire assurer et la soigner en bon commerçant.

Il pourra toutefois disposer de la marchandise dès l'échantillonnage ou l'expertise, s'il réclame seulement une bonification pour moins-value ou manquant.

Par dérogation au principe de non-déchargement de la marchandise contestée, la réclamation peut encore avoir lieu :

a) au cours du déchargement du wagon, si la marchandise n'est pas homogène, à charge par l'acheteur d'en faire la preuve par constat officiel ;

b) à l'expiration du temps normalement nécessaire aux analyses, essais de cuisson et de germination ou examens botaniques indispensables pour déterminer la qualité réelle de certains produits (tels que le malt, la farine, les engrais, les graines et céréales de semence). L'acheteur devra, dans ce cas, prévenir immédiatement le vendeur de son intention de faire procéder à une analyse et mettre en dépôt la marchandise, après avoir prélevé des échantillons.

Art. 24. — Bonification, résilliation et remplacement.

Suivant l'importance de la moins-value de la marchandise, l'acheteur peut demander une bonification ou la résiliation du contrat.

a) **Bonification.** — En cas de vente « suivant échantillon », il a droit à une bonification pour toute moins-value, si minime soit-elle.

En cas de vente « suivant type », il n'a droit à une bonification que si la moins-value est supérieure à 2 %.

En cas de vente d'une marchandise sans stipulation précise concernant la qualité, la moins-value à partir de laquelle l'acheteur a droit à une bonification est laissée à l'appréciation des arbitres.

b) **Résiliation.** — Si la moins-value est supérieure à 4 %, en cas de vente sur échantillon et à 7 % en cas de vente « suivant type » ou de vente sans stipulation précise concernant la qualité, l'acheteur peut demander la résiliation avec dommages-intérêts. Il peut, s'il le préfère (exception faite en cas de vente sur échantillon), mettre, à la réception de la marchandise, le vendeur en demeure de la *remplacer* dans un délai approprié, faute de quoi il aura le droit de considérer le contrat comme résilié.

Si les impuretés et les corps étrangers se trouvant dans la marchandise proviennent de l'usage des élévateurs et bascules automatiques et spécialement du chargement de la marchandise en silos, l'acheteur, dans tous les cas, n'a droit qu'à une bonification. Il perd ce droit si la proportion des corps étrangers dans les sacs est minime ou si le nombre de sacs atteints n'excède pas 5 %.

Art. 25. — Retard dans l'exécution du contrat.

Le vendeur ou l'acheteur qui ne satisfont pas à leurs obligations dans les délais convenus, tels qu'ils sont définis par l'article 17, sont en retard dans l'exécution du contrat.

a) *Le retard dans la livraison*, s'il entraîne une différence de cours au détriment de l'acheteur, lui donne le droit de la retenir, pendant toute la durée du retard, sur une créance du vendeur.

b) *Le retard dans les instructions d'expédition* donne au vendeur le droit de différer la livraison pendant une durée égale à celle du retard de l'acheteur.

c) *Le retard dans le paiement* donne au vendeur le

droit de facturer des intérêts moratoires, au taux d'avances sur titres de la Banque de France.

Ces différents droits sont acquis à l'acheteur ou au vendeur sans mise en demeure spéciale.

Art. 26. — Inexécution et mise en demeure.

Si l'une des parties n'exécute pas le contrat, l'autre peut :

1° *Considérer le contrat comme continuant à courir.* — La prolongation tacite du contrat résulte simplement, dans ce cas, du silence des deux contractants, excepté dans les affaires à terme fixe.

Le vendeur qui n'entend pas résilier le contrat a également la faculté de mettre l'acheteur en demeure de lui passer instructions d'expédition, en lui accordant un délai supplémentaire calculé d'après l'article 27 et en le prévenant en même temps qu'à l'expiration de ce délai, il déposera la marchandise dans un magasin public ou dans tout autre lieu approprié.

2° *Demander, outre l'exécution, des dommages-intérêts pour retard.* — La partie lésée doit, dans ce cas, à l'expiration du délai d'exécution du contrat, mettre en demeure la partie en défaut, en lui donnant un délai supplémentaire calculé d'après l'article 27 et en la prévenant qu'elle lui demandera des dommages-intérêts pour retard dans l'exécution. Ce nouveau délai expiré, elle lui précisera le montant des dommages-intérêts réclamés.

3° *Résilier le contrat avec ou sans dommages-intérêts.* — La partie lésée doit, dans ce cas, à l'expiration du délai d'exécution du contrat, mettre en demeure la partie en défaut, en lui donnant un délai supplémentaire conforme à l'article 27, et en la prévenant qu'à l'expiration de ce délai, elle résiliera le contrat. Dès ce moment, elle ne peut plus en réclamer l'exécution. Le premier jour ouvrable après l'expiration du délai, elle doit confirmer à l'autre partie la résiliation et, si elle demande des dommages-intérêts, lui indiquer comment elle entend les déterminer, conformément aux prescriptions de l'article 28.

Toute mise en demeure doit être faite par lettre recommandée ou télégramme avec avis de réception. Elle ne peut être adressée à la partie en défaut avant le dernier jour du délai prévu pour l'exécution du contrat.

Art. 27. — Délais supplémentaires.

Le délai supplémentaire accordé dans la mise en demeure à la partie en défaut doit être de :

trois jours ouvrables, s'il s'agit de marchandise disponible ou à livrer immédiatement ;

cinq jours ouvrables, si la livraison doit être prompte ou faite dans un délai d'une semaine (jusques et non compris la livraison dans le délai d'un mois) ;

six jours ouvrables, s'il s'agit de livraison sur mensualité ; ce délai est porté à dix jours pour les farines et autres produits de meunerie.

Art. 28. — Détermination du préjudice.

Pour déterminer le montant de son préjudice, le vendeur peut :

1° faire revendre la marchandise par courtier assermenté, soit de gré à gré, soit aux enchères publiques ;

2° réclamer, à titre de dommages-intérêts, la différence entre son prix de vente et le cours du jour de la résiliation, sans revendre la marchandise.

De son côté, l'acheteur peut :

1° se remplacer, c'est-à-dire acheter directement ou par courtier assermenté une marchandise de mêmes qualité, origine et fabrication que celle stipulée au contrat. Toutefois, la marchandise non livrée peut être remplacée par une autre, de qualité équivalente, d'origine et de fabrication différentes, si elle est introuvable ou d'un prix sensiblement supérieur à celui d'une marchandise analogue ;

2° réclamer la différence entre le prix d'achat et le cours du jour de la résiliation, sans achat en remplacement.

Ce cours est fixé d'après les mercuriales ou cotes de Bourse de la région d'origine de la marchandise, ou, à défaut, par la moyenne des prix pratiqués dans cette région.

La partie lésée, même si elle a manifesté l'intention,

à la résiliation, de procéder à une revente ou à un achat en remplacement, a le droit de réclamer ultérieurement la simple différence entre le prix du contrat et le cours du jour.

Art. 29. — Livraisons partielles.

Toute livraison partielle doit, au point de vue réclamations, résiliation et conséquences du retard, être considérée comme un contrat séparé. En conséquence, l'inexécution des obligations contractuelles pour une de ces livraisons, laisse subsister le marché pour toutes les quantités restant à livrer, sans préjudice toutefois des dispositions de l'article 34.

En cas de récidive, la résiliation de la totalité du contrat sera de droit et l'indemnité à accorder sera fixée par arbitrage.

Art. 30. — Résiliation sans mise en demeure.

Il n'est pas nécessaire d'adresser une mise en demeure avec délai supplémentaire :

1° quand la partie en défaut a déclaré expressément par écrit qu'elle n'exécuterait pas le contrat ;

2° quand il a été convenu que le contrat serait résolu de plein droit à l'arrivée d'un terme fixé d'avance ou qu'il ne serait accordé aucun délai supplémentaire ;

3° quand l'acheteur non livré prouve que l'exécution du contrat ne présente plus aucun intérêt pour lui après l'expiration du délai convenu. Cette preuve ne doit être admise que dans les cas où la nature même de l'affaire ne comporte pas de délai supplémentaire, par exemple, pour les semences, après l'époque des semailles, pour les orges de brasserie, après la campagne de malterie.

Art. 31. — Refus d'exécution.

Si l'un des contractants refuse par écrit ou télégramme d'exécuter le contrat, l'autre doit l'aviser immédiatement, sans mise en demeure préalable, qu'il résilie le contrat, soit purement et simplement, soit avec dommages-intérêts. Faute de résiliation immédiate, il est censé accepter le refus et renoncer à ses droits.

Si le vendeur entend poursuivre l'exécution du contrat, il doit, après avoir mis la marchandise en magasin pour le compte de l'acheteur, en demander immédiatement le paiement par arbitrage urgent.

Art. 32. — Non-livraison pour cause de force majeure.

Le contrat ou toute mensualité non encore exécutée peuvent être annulés :

1o en cas de guerre ou de blocus ;

2o en cas de prohibition d'importation ou d'exportation.

Le droit de résiliation appartient à celui des contractants qui peut invoquer la force majeure. La preuve de l'impossibilité d'exécuter est également à sa charge. Il devra notifier à l'autre, dans un délai convenable, son intention de résilier.

En cas de grève, d'impossibilité de charger ou de manque de wagons, le délai d'exécution du contrat est simplement prolongé de la durée de l'empêchement ; le vendeur devra tenir l'acheteur au courant de la date où cet empêchement prendra fin.

Art. 33. — Extinction des contrats.

Tous marchés ou livraisons partielles dont aucun des contractants n'aura réclamé l'exécution dans les trois mois qui suivent la date extrême de livraison seront considérés comme résolus de plein droit à l'expiration de ce délai.

III. SOLVABILITÉ DOUTEUSE ET FAILLITE

Art. 34. — Solvabilité douteuse.

Le vendeur qui conçoit des doutes motivés sur la solvabilité de l'acheteur après la conclusion du contrat, a le droit, à l'époque de la livraison, de mettre l'acheteur en demeure de lui fournir une garantie préalable ou de payer la marchandise comptant au moment du chargement, déduction faite des intérêts au taux d'avances de la Banque de France, en cas de vente à crédit.

Si l'acheteur ne donne pas suite à la mise en demeure dans un délai de 3 jours ouvrables, le vendeur peut résilier le contrat purement et simplement.

Art. 35. — Cessation des paiements et faillite.

Si l'acheteur cesse ses paiements ou tombe en faillite, le vendeur a le droit :

1° de suspendre toute livraison de marchandises jusqu'à paiement effectif ;

2° de résilier les contrats en cours par lettre adressée à l'acheteur òu au syndic de la faillite, à moins qu'ils n'aient offert de payer effectivement et réclamé l'exécution du contrat ;

3° en cas de cessation de paiements, de sommer l'acheteur de payer sans délai contre mise de la marchandise à sa disposition, déduction faite, pour les ventes à crédit, des intérêts jusqu'à l'échéance ;

4° d'opposer la compensation aux créances qui pourraient lui être réclamées par le syndic ou l'acheteur en état d'insolvabilité.

Pour fixer le montant de son préjudice, le vendeur peut, soit le calculer sur la base du cours du jour, soit le faire évaluer par expert ou courtier assermenté, soit revendre la marchandise.

En cas de cessation de paiements ou de faillite du vendeur, l'acheteur a des droits analogues. Il peut sommer le syndic de livrer sans délai et s'il ne donne aucune suite à cette sommation ou déclare ne pas vouloir livrer, lui demander des dommages-intérêts pour inexécution.

L'acheteur pourra faire évaluer le montant de sa perte par expert ou par courtier assermenté ou la déterminer par un achat en remplacement ou sur la base du cours du jour.

IV. DISPOSITIONS GÉNÉRALES

Art. 36. — Délais.

Les délais d'exécution des contrats indiqués dans ces usages ne comprennent pas le jour de la conclusion du marché, le jour d'arrivée d'une lettre à destination et le jour de la réception d'un envoi de marchandises.

Les lettres et télégrammes arrivant un dimanche ou un jour de fête légale ou bien l'après-midi de la veille d'un dimanche ou d'un jour de fête légale sont censés arriver le premier jour ouvrable suivant.

Si le dernier jour d'un délai tombe un dimanche ou un jour de fête légale, le délai est prolongé jusqu'au jour ouvrable le plus proche.

A défaut de stipulation spéciale, les délais sont comptés sans interruption, jours fériés compris.

Art. 37. — Jugement des litiges.

Tous les litiges résultant des affaires désignées dans l'article 1er sont, sauf convention contraire, de la compétence de la Chambre arbitrale de la Bourse où le contrat a été conclu.

Si l'affaire a été faite en dehors d'une Bourse, la

Chambre arbitrale compétente est celle de la région du vendeur.

Le créancier conserve toutefois le droit d'intenter devant les tribunaux ordinaires une action en paiement des créances payables par traite acceptée.

ANNEXE

INSTRUCTIONS POUR LA PRISE D'ÉCHANTILLONS, L'EXPERTISE ET LA DÉTERMINATION DU POIDS

L'acheteur qui conteste une marchandise pour différence de qualité ou manquant doit s'assurer en temps voulu les preuves nécessaires au moyen d'une prise d'échantillons ou d'une expertise ; ces opérations ne peuvent, dans tous les cas, avoir lieu qu'à destination.

I. PRISE D'ÉCHANTILLONS

Elle peut être faite :

1° contradictoirement, c'est-à-dire par l'acheteur en présence du vendeur ou de son représentant dûment accrédité, pourvu que leur transport sur les lieux n'entraîne pas une prolongation des délais de stationnement supérieure à 24 heures ;

2° à défaut, par un courtier assermenté, un expert assermenté, ou un huissier.

Si l'expert n'est pas assermenté, il devra être désigné par les parties d'un commun accord.

Ces diverses personnes doivent être complètement indépendantes des parties et n'avoir aucun intérêt, direct ou indirect, à l'affaire.

Le vendeur devra, dans tous les cas, être prévenu de la date à laquelle la prise d'échantillons aura lieu.

La prise d'échantillons effectuée dans ces conditions est considérée comme faisant foi et sa régularité ne peut être contestée par aucune des parties.

Manière de l'opérer

a) **Marchandise homogène.** — Le prélèvement a pour but, dans ce cas, d'obtenir un échantillon représentant la moyenne de la marchandise. La personne chargée du prélèvement se conformera aux prescriptions suivantes :

1° *Marchandise en sacs.* — Prendre un échantillon au minimum par 10 sacs dans les lots dont le poids ne dépasse pas 30.000 kilos et un échantillon par 20 sacs dans les lots excédant ce poids.

2° *Marchandise en vrac.* — Prendre un échantillon au minimum en 10 points différents dans les lots n'excédant pas 30.000 kilos et en 3 points différents par lot de 10 tonnes dans les chargements plus importants.

Ces diverses prises seront mélangées avec soin et la masse ainsi obtenue sera divisée en trois parties égales, pesant au minimum 500 grammes chacune. Les échantillons devront ensuite être enfermés dans des sachets en papier ou en toile ou des récipients propres et secs, munis du cachet ou du plomb de la personne chargée du prélèvement.

Chacun des contractants recevra un échantillon. Le troisième restera à la disposition de la personne chargée du prélèvement ; elle ne devra s'en dessaisir qu'avec l'assentiment des deux contractants.

S'il y a plus de deux personnes intéressées au litige, la quantité des échantillons à prélever doit être augmentée en conséquence.

b) **Marchandise non homogène.** — Le prélèvement a pour but, dans ce cas, d'obtenir des échantillons séparés des diverses parties de la marchandise.

Le nombre des prises d'échantillons sera le même que dans le cas précédent et le poids de chacune atteindra 200 grammes pour une marchandise en sac et 500 grammes pour une marchandise en vrac.

Les diverses prises d'échantillons devront rester séparées et chacune d'elles sera divisée en trois parties égales. Elles seront ensuite mises en sachets et conservées dans les mêmes conditions que ci-dessus. Les trois sachets provenant de la même prise recevront le même numéro. Chacun des contractants recevra un exemplaire de tous les échantillons prélevés. La troisième série restera à la disposition de la personne chargée du prélèvement.

Qu'il s'agisse d'échantillons moyens ou séparés, les sachets ou récipients doivent porter une inscription mentionnant :

1º le jour et la date de la prise d'échantillons ;

2º la nature de la marchandise ;

3º le nom de l'expéditeur et du destinataire ;

4º le numéro du magasin et du wagon ou le nom du bateau ;

5º la quantité et la nature de l'emballage.

Procès-verbal.

Chaque prise d'échantillons doit faire l'objet d'un procès-verbal établi par la personne chargée du prélèvement et signé de sa main.

Le procès-verbal devra contenir les indications suivantes :

1º lieu et date de la prise d'échantillons ;

2º nature de la marchandise ;

3º nom de l'expéditeur et du destinataire ;

4º conditions et lieu du magasinage ;

5º numéro des wagons ou nom du bateau et numéro de la cale ;

6º quantité et nature des emballages (en se basant, s'il y a lieu, sur les indications de la personne qui a demandé l'expertise) ;

7º nature et aspect des cachets et des plombs ;

8º état des locaux servant au magasinage ;

9º importance des quantités défectueuses ;

10° état, et si l'intéressé le demande, poids spécifique de la marchandise.

Le procès-verbal est conservé par la personne chargée du prélèvement. Il doit porter les mêmes chiffres et signes que les sachets et récipients contenant les échantillons.

Marchandises humides.

Les graines oléagineuses, le malt et les marchandises contestées pour humidité doivent être toujours mis en bouteilles ou boîtes fermant hermétiquement, avec un bulletin indiquant exactement de quel échantillon il s'agit.

Si la marchandise est humide, l'échantillon moyen doit être divisé en six parties égales, pesant chacune 500 grammes au minimum. Trois doivent être mises en sachets de papier et trois autres en bouteilles ou récipients de fer blanc qui sont ensuite fermés et scellés. La personne ayant fait le prélèvement doit conserver un sachet en papier et une bouteille ou un récipient en fer blanc, et remettre à chacun des contractants un sachet en papier et une bouteille ou récipient en fer blanc.

II. EXPERTISE

Si la conservation de la preuve au moyen d'une prise d'échantillons est impossible ou impraticable, elle doit être faite par un expert assermenté désigné soit par une des parties, soit par le président du tribunal de commerce ou de la Chambre arbitrale la plus proche du lieu de destination. L'expertise pourra également être faite par un expert non assermenté, à condition qu'il soit désigné par les parties d'un commun accord ; il pourra en outre être assermenté ultérieurement.

L'acheteur doit, dans tous les cas, inviter le vendeur à assister à l'expertise ou à s'y faire représenter.

Si l'expert a été désigné sans l'assentiment du vendeur, celui-ci peut toujours provoquer une contre-expertise.

L'expert doit établir un rapport contenant les indications ordinaires d'un procès-verbal d'échantillons et constatant, en outre, avec précision, l'état de la marchandise. En cas de simple moins-value de la marchandise, l'expert doit en fixer le montant par rapport à une marchandise analogue, d'espèce et qualité moyennes.

III. DÉTERMINATION DU POIDS

La détermination du poids doit être faite, à la requête du destinataire, d'une manière analogue à la prise d'échantillons. On procédera également à l'établissement d'un procès-verbal.

Ce procès-verbal doit indiquer comment s'est faite la constatation du manquant (par balance décimale ou une autre balance, par pesée globale ou par pesée de lots séparés). Dans ce dernier cas, on devra indiquer le nombre et l'importance de ces lots.

La détermination du poids, conformément aux dispositions qui précèdent, ne dispense pas le vendeur de faire constater le poids au moment de l'expédition, s'il y était tenu aux termes de son contrat.

Poids naturel.

Le poids naturel des céréales sera déterminé, si l'acheteur le demande, par une triple pesée, dont on fera la moyenne, soit à la trémie conique, soit à la balance Sommer et Runge.

Si cette détermination ne peut être faite sur place, faute des appareils nécessaires, elle pourra l'être en un lieu approprié.

Le tribunal arbitral peut également, après coup, faire constater le poids spécifique d'après les échantillons, en tenant compte toutefois du temps écoulé entre la prise d'échantillons et la constatation du poids.

INDEX ALPHABÉTIQUE

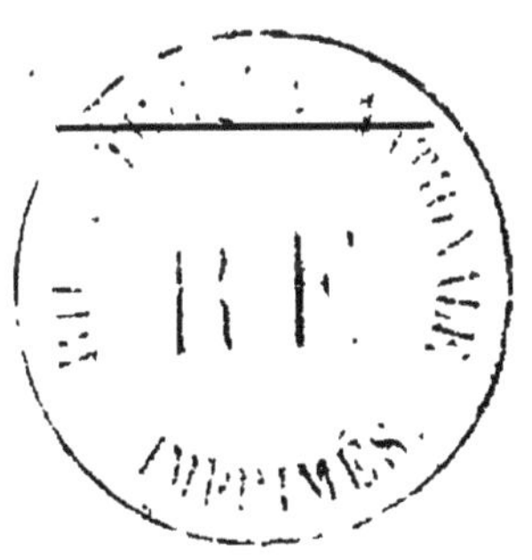

BESANÇON

IMPRIMERIE JACQUES ET DEMONTROND

29, rue Claude Pouillet

www.ingramcontent.com/pod-product-compliance
Ingram Content Group UK Ltd.
Pitfield, Milton Keynes, MK11 3LW, UK
UKHW020403220726
13923UKWH00004B/1713

9 782329 038377